领读者书系

自然哲学之
数学原理

（少年轻读版）

李新征　王克迪◎著
猫先生漫画工作室◎绘

北京科学技术出版社
100 层童书馆

图书在版编目（CIP）数据

自然哲学之数学原理：少年轻读版 / 李新征，王克
迪著；猫先生漫画工作室绘. -- 北京：北京科学技术
出版社，2025. --（领读者书系）. -- ISBN 978-7-5714-
4564-5

Ⅰ. O3-49

中国国家版本馆CIP数据核字第2025QN3489号

策划编辑：	刘婧文　张文军
责任编辑：	刘婧文
营销编辑：	何雅诗
图文制作：	天露霖文化
责任印制：	李　茗
出 版 人：	曾庆宇
出版发行：	北京科学技术出版社
社　　址：	北京西直门南大街16号
邮政编码：	100035
电　　话：	0086-10-66135495（总编室）
	0086-10-66113227（发行部）
网　　址：	www.bkydw.cn
印　　刷：	雅迪云印（天津）科技有限公司
开　　本：	889 mm × 1194 mm　1/32
字　　数：	35千字
印　　张：	2.75
版　　次：	2025年6月第1版
印　　次：	2025年6月第1次印刷

ISBN 978-7-5714-4564-5

北科读者俱乐部

目　录

如果我比别人看得更远，那是因为
我站在巨人的肩膀上。

——艾萨克·牛顿

《自然哲学之数学原理》的诞生

自然的语言是数学。在成熟的文明形成之后，人类认识自然的工具也从神话中脱胎而出，变为自然哲学。

小朋友们，我要向你们介绍的是一部与数学及自然哲学密切相关、**对人类近代文明的发展起着决定性推动作用**的巨著——牛顿在 1687 年出版的《自然哲学之数学原理》（以下简称《原理》）。

牛顿是全人类公认的最伟大的科学家之一。在《原理》一书中，牛顿用数学方式解释了惯性、作用力与反作用力、万有引力等概念，因而该书也被认为是**牛顿的"封神之作"**。

科普作家曹天元曾评价，此书的出现标志着现代科学整个科学体系的建立。物理学家张首晟更是称此书是人类文明第一书，点亮了人类科学认识宇宙的曙光。

这是一本怎样神奇的书？里面究竟写了些什么，为何能得到如此高的评价？

我将从物理学史的角度，为大家介绍《原理》。希望大家能从中了解以下几点：

一、《原理》的诞生：什么是自然哲学？为什么要在自然哲学中追求数学原理？牛顿为什么会在他所处的那个时代写下这样一本书？

二、阅读《原理》时的注意事项：作为现代人，我们的知识结构与牛顿的差异较大，大家在阅读《原理》的时候，需要注意哪些地方呢？

三、《原理》的影响：它对自然科学的发展起到了怎样的作用？

四、客观看待牛顿：我们不应神化一个人，牛顿的性格中有很强势的一面，这种强势在特定的时间段内阻碍了英国自然科学的发展。

　　《原理》的全称中包含了两个名词，分别是"自然哲学"和"数学原理"。我把这两个名词解释清楚之后，大家就能明白牛顿为何会为自己的书取这个名字了。

什么是自然哲学？

　　我们先来了解一下"自然哲学"这个词的意义和发展过程吧。

大家在聊天的时候经常会用到科学、自然科学、哲学、自然哲学、物理学、化学等名词。人们在使用这些名词时，其实脑海里只有模糊的概念，大多数情况下很难清晰阐释它们的含义。

　　我也是这样，虽然我在北京大学物理学院工作，但在我讲"今日物理"这门课程之前，如果有人问我自然哲学是什么，哲学是什么，科学是什么，自然科学是什么，我肯定也回答不上来。

为什么会如此呢?

原因其实很简单,就是平日的科研工作中我们研究的都是一些非常具体的内容。这也是科学革命的一个后果。也就是说,科学革命之后,我们的工作变得具体化了,我们的视野也变得相对狭窄了一些。

而如何解答关于"自然哲学"等概念的定义问题,就跟我要讲的《原理》密切相关。

"自然哲学"背后其实是一个叫作"哲学"的概念。哲学包含自然哲学。因此,在了解自然哲学之前,我们需要先了解哲学。

在古希腊时期，人们认识世界的系统性工具只有哲学与神学。

曾担任北京大学哲学系系主任的赵敦华写过一本广受好评的教材——《西方哲学简史》。他在书中介绍道："哲学是脱胎于神话与宗教的世界观。"

可以说，在古希腊，**哲学和神学以一种既对立又相互协作的方式共同支撑着人们的世界观**。

1643—1727 年

1596—1650 年

西方近代哲学的奠基人是笛卡儿。在他活跃的年代，西方哲学已经经历了漫长的中世纪，发展了 2100 年有余。

请大家设想一下，作为一个比笛卡儿小 40 多岁、生活在 17 世纪下半叶的西方人，牛顿能够利用前人积累下的哪些知识？

若用一个词来概括当时已有的知识，可能就是"西方哲学"了。

在哲学的内部，有一个分支叫自然哲学。它们二者之间又是何种关系呢？

其实这个问题见仁见智。不同的哲学家对哲学的定义也不尽相同，冯友兰在《中国哲学简史》中说**哲学是"对于人生的有系统的反思的思想"**。

从这个角度出发，我们可以先以古希腊最具影响力的哲学家亚里士多德为例，研究他究竟是出于何种目的写出一系列著作，从而对早期的自然哲学做出定义。

亚里士多德写过一本书，名为 *Phusis*。这个词是希腊语，其含义接近英文中的 nature 一词，即**自然**、**本源**。

这个词传入日耳曼语族后，逐渐演变为德语单词 Physik、英语单词 physics，也就是现代意义上的**物理学**。

16

在早期，也就是亚里士多德的语境下，phusis 一词对应的并非现代意义上的物理学，严格地说，这个词或许应该翻译为**亚里士多德的物理学**，因为它不仅包括如今物理学探讨的内容，还包含一些与生命相关的现象。

亚里士多德探讨过 phusis、天文学、地理学乃至生物学等多个学科，它们共同构成了**亚里士多德的自然哲学体系**——人类生于天地之间，需要一套理论指导人如何与自然共处。这就是早期的**自然哲学**。

天文

地理　生物

在建立自然哲学的过程中，亚里士多德发现还需要一种更深入的思想来指导理论体系的建立，也就是所谓的 metaphysics，其本意为"在自然学之后"，如今我们将其称为形而上学。

此外，人思考任何事情的时候都需要逻辑，于是逐渐发展出逻辑学。

人生活在社会中要跟别人相处，因此自然而然地发展出了伦理学。

大脑

逻辑学

伦理学

人作为一种"高级动物"，除了口腹之欲，还有对美的追求，因此就需要美学。

人要和他人交流，人们发现，有些人交流时很高效，且语言很优美，但有些人的沟通效率很低，语言比较拙劣，于是就有了修辞学。

由此可见，从人类思考人生的角度出发，我们可以很自然地把几乎所有研究门类归到哲学的框架里去理解。那么自然哲学在整个哲学体系中的定位也就非常明确了，即描述自然的哲学。

美学

修辞学

为什么要在自然哲学中追寻数学原理？

开篇提到"自然的语言是数学"，这句话背后其实隐藏着数学与哲学的关系。它们的关系至今尚无定论，人们对此有各种各样的见解。我个人比较喜欢的一种观点是：

西方哲学，从古希腊时期到中世纪再到近代，一定程度上是从柏拉图到亚里士多德再到柏拉图的回归。

古希腊时期 ⟶ 中世纪 ⟶ 近代

虽然柏拉图是亚里士多德的老师，但两人的哲学理念并不相同。

　　柏拉图的哲学具有很强的数学特质。在柏拉图的"二重世界"理论中，世界一分为二，一个是由我们可感知到的具体事物所构成的事物世界（也称"可感世界"），另一个是由事物本质、理论性事物所构成的理念世界（也称"可知世界"）。数学是永存于理念世界中的不变的东西，也是人们认识理念世界的必要工具。

可感世界

可知世界

　　而柏拉图的学生亚里士多德有一句十分有趣的名言："**吾爱吾师，吾更爱真理。**"大家仔细琢磨一下，就能体会到这句话有两重含义。

　　亚里士多德一方面表达了自己对老师的尊敬，另一方面也表达出他不认同老师的观点。

在阐述哲学问题时，亚里士多德不像柏拉图那么喜欢用数学，而喜欢用逻辑工具三段论来归纳总结。

比如，亚里士多德将物质的运动归纳为两本质（潜在与现实）、三本原（质料、形式与缺乏），将物质的存在形式归纳为五元素（水、火、气、土和以太）。亚里士多德的理念涉及的几何知识很少。在理性工具相对匮乏的时期，亚里士多德的理论可以有效地描述世界，因此在当时非常实用。

　　但是，随着人类逐渐掌握了越来越多的理性工具，这些理论的缺点逐渐显现出来。

　　到了 17 世纪初，亚里士多德理论体系的缺点已暴露无遗。法国著名的哲学家及数学家笛卡儿的批判意识很强，他无法轻易地相信亚里士多德。笛卡儿认为，可靠的知识不能通过经验获得，而必须要经过严密的论证。他也是解析几何的创始人。

在代表作《谈谈方法》中，笛卡儿阐述了获得确定性知识要使用的一套方法，而有关解析几何的论述也收录在《谈谈方法》的附录之中。在笛卡儿之前，人们论述几何问题时借助的都是具体图形，而不会将代数与几何联系在一起。笛卡儿则将用代数描述几何图形变为一种普适手段。由此，哲学重新回归"以数学为工具"的柏拉图世界观中。

科学与《原理》的诞生

哲学、神学和科学是人类用来认识世界的三大工具，但是科学的诞生，或者说科学作为一种系统性世界观的诞生，晚于哲学和神学很久。

从古希腊时期到中世纪，西方世界中宗教的统治地位不断增强，这使得西方哲学在很长一段时间里不得不为神学服务。

自中世纪后期开始，西方历史上发生了一系列重要事件，包括十字军东征、文艺复兴、地理大发现、启蒙运动等，这些事件促进了神学与哲学的发展，使神学与哲学逐渐演化为现代的科学、哲学与神学。而与自然科学和物理学直接相关的重大事件则是科学革命。

现在大家基本认同科学革命的起点是 1543 年哥白尼提出"日心说"，这场革命结束于何时却众说纷纭。其中一个较为主流的观点认为 1687 年《原理》的出版标志着科学革命的高峰，也标志着科学革命的结束。此外，也有人认为 1789 年拉瓦锡出版《化学基础论》，或 1859 年达尔文出版《物种起源》，才是科学革命结束的标志。

　　不管怎么说，自 1543 年科学革命拉开序幕之时算起，又经历了数百年的时间，直到 19 世纪上半叶，西方世界才广泛使用"科学"这个词。

英语中的 science（科学）一词源自拉丁语 scientia，意为确定性知识。继而，人们也开始广泛使用 scientist（科学家）一词来指代那些从事科学研究的人。

　　在 19 世纪上半叶，哲学、神学与科学三大工具的演化进程发展到了最后的阶段。科学，一种代表着可被证实或证伪的研究方法，终于登上了西方历史的舞台。

　　说回《原理》的书名。按照我们刚才所描述的发展历程，如果回溯到 1687 年，也就是《原理》出版的那一年，**牛顿是不可能使用"自然科学"一词的**，因而他只能将自己的著作命名为"自然哲学之数学原理"。

这场科学革命最终导致曾经"处处关联""充满意义"的世界就此瓦解，**具有广阔视野的自然哲学家也被具有专业技能的科学家取代**。正如开篇所说，一个科研人员平日的工作非常具体，而牛顿在那个时代环境下，思考的却是一些宏观的问题。

　　虽然"科学"一词还未被广泛使用，但科学的兴起为《原理》的诞生提供了宝贵的前提条件。

　　1543 年，哥白尼提出"日心说"，这本身是一个非常好的宇宙模型，但是它存在一个很严重的问题，就是描述行星运动时使用的都是圆形轨道，这就导致哥白尼推算出的很多结果与实际天文观测数据不一致。

在哥白尼之后，又出现了一位很重要的天文学家——第谷·布拉赫。

第谷没有全盘接受哥白尼的"日心说"，而是建立了一个介于"日心说"和"地心说"之间的宇宙模型。此时天文望远镜尚未出现，第谷在丹麦的汶岛上建造了天文台，并在那里进行了大量极其精密的天文观测，记录下了很多重要的原始数据。

1601 年，第谷在去世之前将这些原始数据交给了他的助手——天文学家开普勒。

开普勒的数学造诣很高。他在第谷的观测数据的基础上引入了椭圆运动轨道，继而提出了开普勒第一定律和第二定律。此后，他又亲自进行了长时间的观测，在 10 年之后提出了开普勒第三定律。

同一时期还有一位为科学发展做出了巨大贡献的科学家，那就是伽利略。

伽利略比开普勒年长几岁，虽然他进入天文学领域的时间比开普勒要晚，但他制造出了世界上第一架天文望远镜。

伽利略用自己制造的天文望远镜观测到了很多重要的天文现象和天体结构，例如土星环、木星卫星、金星相位以及太阳黑子。哥白尼曾在日心模型下预测了金星的相位变化，因此伽利略观测到的金星相位为"日心说"提供了强有力的证据。

经过数年的沉淀，伽利略写下了著名的《关于托勒密和哥白尼两大世界体系的对话》，让"日心说"赢得了彻底的胜利。

在伽利略之后，迎来了笛卡儿的时代。此时，几代人的努力终于让日心体系站稳了脚跟，这为笛卡儿发展自己的理论奠定了良好的体系基础。

笛卡儿于 1650 年去世，而牛顿生于 1642 年[*]。从哥白尼至此的 100 多年，正是西方科学飞速发展的关键时期。这意味着，牛顿在他所处的时代能够获取充足的工具回归到柏拉图的世界观，**以数学为工具，深入分析理想化的宇宙天体模型**。

---

[*] 按英国当时使用的旧历来说，牛顿生于 1642 年 12 月 25 日，但若按现今通用的新历，他生于 1643 年 1 月 4 日。

为什么宇宙天体模型是理想化的模型？

在现实生活中，物体运动时受到的各种阻力其实很大。例如，乒乓球在桌面上滚动时会受到摩擦力的影响。因此，在现实环境中很难建立一个理想的力学研究模型。天体运动时所受的阻力相对而言微乎其微，因此利用天体系统更容易建立理想的力学模型。

理想模型有了，数学工具也回归了——上述诸位学者的研究成果为牛顿提供了一个完美的舞台，让他能够去寻求自然世界最根本的数学解释，进而建立体系化的现代物理学。

乒乓球

摩擦力

笛卡儿认为宇宙是一个大涡旋，在不停地旋转。涡旋裹挟着发光的物体在运动，那些发光物体就是我们看到的星星和月亮。笛卡儿还为此写了一本书，叫《哲学原理》。

后来，牛顿研究地表物体和天体运动时，逐渐意识到笛卡儿的学说存在问题。

　　牛顿将自己的书命名为《自然哲学之数学原理》就有**针对笛卡儿**的意图，牛顿意在表明他研究的不是笛卡儿的哲学和哲学原理，而是自然哲学和数学原理。

　　牛顿认为物体之间相互作用并不是由笛卡儿所说的涡旋推动，而是万有引力的作用；宇宙体系由严格按照椭圆轨道运行的星体组成；万有引力不但决定了星体的运动，还决定了地球上海洋潮汐的运动，决定了各种物体的各种形式的运动，甚至决定了声音和光的运动。

自然哲学之
数学原理

三大运动定律

万有引力定律

　　小朋友们，你们上初中之后都会学习物理这门学科，而最先接触到的物理体系便是经典力学体系。这是一个以牛顿运动定律为基础研究物体运动的基本体系，而牛顿就是在《原理》中提出了构成牛顿力学的三大运动定律和万有引力定律。

我们现代人的知识结构和牛顿那个时代的已经很不一样了，因此《原理》一书并不是那么好懂的，那这样的一本书究竟讲了什么，我们又该如何去阅读它呢？

《原理》的逻辑架构和内容

　　该书从八个定义出发，引入了描述物体运动的几个关键的物理量，包括质量、向心力等，而后提出了三大定律。

什么是牛顿的三大定律呢？我们来简单了解一下。

牛顿第一定律又称惯性定律，简单来说，只要我们不动这个小球，小球就会保持静止或者保持匀速直线运动。其实，牛顿并非第一个提出惯性定律的人，伽利略、笛卡儿等人的研究成果已为牛顿的理论奠定了基础。

牛顿第二定律说的是，物体加速度的大小跟它受到的作用力成正比，跟它的质量成反比，加速度的方向跟作用力的方向相同。或者说，力等于其质量与加速度的乘积。

　　牛顿第三定律是描述物体相互作用时作用力与反作用力的定律。比如，我们用一根棒子给小球施加一个力，那么小球肯定也会对这根棒子施加一个反作用力，而且这两个力必定大小相等、方向相反。

作用力＝反作用力

哎哟！

哎哟！

八个定义和三大定律就是牛顿力学的核心，它们构成了《原理》一书的基本逻辑架构。然而，从篇幅来讲，它们仅仅占据了书中前面的很小一部分篇幅。

　　牛顿在阐述完核心的八个定义及三大定律之后，用了很大篇幅来讨论假如遵循三大定律，物体在不同的情况下会做何种运动。这个部分分成了三编，前两编讨论了物体的运动，以及物体在阻滞介质中的运动，而第三编则讨论了天体运动和海洋潮汐运动。

在讨论天体运动时，牛顿先列出了观测结果，比如地球绕着太阳运动的一系列观测结果，而后提出了一个命题，即两个质点之间的引力与它们之间的距离的平方成反比。

这就是**万有引力定律**。万有引力是指存在于任意两个物体之间的由质量引起的相互吸引力，力的作用线大致在两个物体质心的连线上，其大小与二者的质量成正比，与二者之间的距离的平方成反比。

　　接下来，牛顿通过一系列推导得到了与实验观测相符的结果，进而证实了该命题。这就是牛顿写作此章的逻辑，也是牛顿论述万有引力定律的逻辑。

　　在中学物理课上，你们一定会听到，牛顿力学是由三大定律和万有引力定律组成的。但实际上，三大定律和万有引力定律的逻辑地位完全不同。

　　这就是我想说的第一点，大家在阅读《原理》时**一定要注意整本书的逻辑架构**。

不要过度追求细节

　　《原理》因其重要的地位，早已被列入中小学生阅读指导目录，但自它出版到现在，已经过去了三百多年，数学的语言发生了很大的变化，而且我们学习数学知识的先后顺序与它们被推导出来的顺序并不一致。

例如，上大学后，有些学生会学习微积分这门课程，在学习过程中将会接触到微积分的四个核心概念：极限、导数、积分和级数。老师授课时，必定会按照这个最符合数学逻辑的顺序进行讲解，但大家要知道，这几个概念并非依照逻辑顺序形成的。

历史上最先出现的是积分，接着是导数。牛顿和莱布尼茨意识到了微分是积分的递过程，为导数这一概念的形成做出了巨大贡献。在这之后才有了级数的概念：泰勒在18世纪初期提出泰勒级数。极限的概念直到19世纪下半叶才出现。

法国数学家比内在 19 世纪初提出的比内公式有助于我们理解牛顿力学。然而在《原理》出版的 17 世纪还没有比内公式。如果大家试图直接分析牛顿在书中的表述，很可能发现其中的很多细节难以理解。

在《原理》问世之际，那些最有助于现代人去理解它的数学工具却不一定存在，这无疑给我们读懂书中论述的理论带来了很大的阻碍。更严重的是，这也可能会影响我们想去理解它的好奇心。我们应该**把重心放在了解此书的逻辑框架和牛顿推导并建立其学说的过程上**。因此，我想说的第二点是，大家在阅读《原理》时不必过度追求细节。

对学习的启示

在阅读《原理》的过程中，我们还会获得很多启示。如今我们已经掌握了很多理性工具，甚至可以从天文观测的结果出发，直接反推出万有引力定律。也就是说，无须把万有引力定律视为一个命题，而是可以直接把它视为一个能通过反推得到的结论。

我在课堂上发现，很多学生十分害怕推导公式，追根究底是因为不熟悉公式。

比如推导万有引力公式的时候，如果我们借鉴比内公式建立圆柱坐标系，只需要知道一个矢量在进行无穷小的变换时需要满足的规则就足够了。

我知道这听起来很难，因为你们可能要在上大学后才会学到这些知识。但是在学习的起步阶段，我希望你们不要害怕公式、害怕知识，其实它们比你们想象的要简单很多。

另外，大家在《原理》中也能看到牛顿论述三大定律和万有引力定律的过程，这其实也很有意思。

自然哲学之数学原理

我知道，学校里的老师出于考试成绩的考量，教学过程中往往倾向于将知识点直接灌输给学生，并要求学生努力记住。

　　物理学绝对不是知识点的简单集合，如果只是将物理学看作知识点的集合，这门学科就会变得非常冰冷、非常无趣。大家在学习物理或者其他学科的时候，一定不要只着眼于单独的知识点，更重要的是了解知识背后的历史与逻辑。

科学革命的高峰

　　我们在前文提到，哥白尼通过提出"日心说"开启了科学革命，而《原理》的出版则标志着科学革命达到高峰。我们在中学阶段会学习该书所讲的原理，这些原理就相当于现代物理学的大门。为何世人会对该书有如此高的评价呢？

《原理》所达到的境界

　　牛顿的《原理》在以下三个层面都做到了极致。

◎ **第一个层面**

　　牛顿在《原理》一书中对当时已知的各种现象做出了解释。他解释了多种天文现象、地球上的潮汐现象，以及各种物体运动的诸多现象。对于海洋潮汐运动和彗星运动，在牛顿之前，没有人能作出说明与解释，而牛顿的解释直到今天依然是适用的。

◎ 第二个层面

　　牛顿在《原理》中提出的几大力学定律、力学方程，不仅能够解释一些现象，还构建出了一个认识世界的全新框架，也就是被托马斯·库恩称为"范式"的体系框架。框架或者范式的伟大意义在于，它把无数科学家吸引到一起，为共同的科学目标而工作。

牛顿构建的新框架与亚里士多德的框架完全不同，与笛卡儿的体系也完全不同。

　　在牛顿的框架中，人们可以对世界做出更多、更深入的研究。牛顿的这个体系统治了科学界近三百年，直到今天也没有完全过时，在科学、技术和工程等领域仍被有效地应用着。例如，它仍应用于发射卫星，修建大桥、隧道，加工机器零部件，等等。

◎ **第三个层面**

牛顿在《原理》中告诉了我们什么是科学，什么不是科学。该书以一种非常生动的方式向我们展示了一种操作方法。

牛顿使用了大量的数学推算、观测数据及实验数据，来证明他的推理和某些规律，这就是我们今天所谓的科学精神、科学方法。人们可以不相信牛顿的学术理论，但是不能不相信这套科学方法。

这是一个更为重要的贡献。

　　在牛顿之前，哥白尼、伽利略、笛卡儿等人也在上述三个层次上取得了一定的成果，但毫无疑问，牛顿是集大成者，他在这三个方面都做到了尽善尽美。

　　也正因如此，牛顿的《原理》对后世产生了相当深远的影响。

《原理》对后世的影响

　　《原理》的诞生让人们对客观自然世界的认识发生了翻天覆地的变化。

　　人们认识到，上到天体，下到地表物体，它们的运动都可以用一个统一的、能用定量规律验证的科学理论来描述。**自然哲学由此完成了向自然科学转变的最为关键的一步。**

《原理》的影响甚至超出了物理学界，也超出了科学界。在牛顿之后的一百年间，很多人认为可以**利用牛顿力学来理解世间万物**，与之相应的思想理论被称为机械论。这种崇尚理性的思想不仅挑战了宗教的权威，也挑战了当时的封建势力。

例如，《原理》出版一百多年后，法国天文学家、数学家拉普拉斯写了《天体力学》一书。拉普拉斯曾经是拿破仑的考官，所以两人的关系很好。当拿破仑询问拉普拉斯"上帝在你的理论体系中处于什么位置"时，拉普拉斯直接反驳说"我根本不需要这样的假设"。

　　此外，启蒙运动中的一些重要人物也是牛顿的拥趸，其中最为著名的大概要数伏尔泰了。据说，牛顿受苹果落地启发发现了万有引力定律的轶事就是伏尔泰流亡英国期间从牛顿的侄女那里听说的。

《原理》还**为海王星的发现打下了基础**。海王星是太阳系中一颗很重要的行星。起初，法国天文学家布瓦尔发现，根据牛顿力学计算出的天王星轨道与实际观测结果有偏差。在此基础上，他推测天王星之外可能还存在一颗较大的行星。

1846 年，德国天文学家伽勒根据之前法国天文学家勒威耶计算的结果，在其预测的方位上直接观测到了海王星。因此，海王星的发现也少不了牛顿力学的一份功劳。

直到今天，我们描述任何一个经典力学体系下的物体的运动都需要借助牛顿力学。

　　比如，我们在地面上水平抛出一个物体后，该物体在地心引力的作用下一定会落地。如果想阻止这个物体落地，我们必须让它达到第一宇宙速度，这样它受到的离心力才足以抵抗地心引力，也就不会下落。

很多人可能有疑问：相对论的出现不是推翻了牛顿的观点吗？牛顿力学真的这么重要吗？那被牛顿推翻的亚里士多德呢？

其实，爱因斯坦对牛顿的反驳只是在一些极限情况下对牛顿力学的修正。

也就是说，基于爱因斯坦的力学理论，我们探讨的是一些极限的情况；在正常的生活环境中，我们还是会回归到牛顿力学的，但是牛顿力学不可能回归到亚里士多德的理论。

牛顿力学所在的物理学框架与亚里士多德的物理学框架是完全不一样的。亚里士多德说力是维持物体运动的原因，但牛顿认为力是改变物体运动状态的原因，这两种观点存在本质区别。

我们可以这样比喻：**亚里士多德的理论是黑色，牛顿的理论是白色。那么，爱因斯坦的理论或许是一种比较接近白色的颜色**，它更真实，但是在经典力学环境下它就是白色的。

因此，不管是对科学的发展还是对近代文明的进程而言，《原理》的诞生、牛顿力学的出现都起到了决定性的推动作用！

客观看待牛顿——
站在巨人肩膀上的人

  我希望大家能够认识到，牛顿也是人，是人就会有缺点。牛顿有一个如今大家公认的缺点，那就是性格过于强势。

牛顿强势的性格导致由莱布尼茨创立、但牛顿本人并不十分认可的微积分表述方法在英国没有得到普及。

　　实际上，莱布尼茨的表述方法更利于力学继续向前发展。后来，凭借伯努利家族在欧洲大陆的传帮带作用，莱布尼茨的这套表述方法催生出了一批法国数学大师。

兄弟　父子　伯努利家族

　　伯努利家族的代表人物是瑞士数学家、物理学家雅各布·伯努利，他是莱布尼茨的学生，也是莱布尼茨的忠实"信徒"。雅各布的弟弟约翰·伯努利也是一位优秀的数学家。约翰的儿子、数学家丹尼尔·伯努利正是流体力学领域著名的伯努利原理的提出者。

在丹尼尔的朋友中，有一位是瑞士数学家、物理学家欧拉。丹尼尔和欧拉都是俄罗斯科学院的第一批成员，为俄罗斯的数学发展打下了坚实的基础。欧拉后来还带出了一个有名的学生——拉格朗日。

　　除了拉格朗日，法国数学界还有两位关键人物，一位是物理学家、数学家达朗贝尔，另一位则是达朗贝尔的学生拉普拉斯。在牛顿去世后的一百多年里，上述诸位学者的共同努力让**法国成为数学界的中心**。

数学中心

反观英国，在这一百多年的时间里，顶尖科学人才屈指可数。

放眼望去，尽管有卡文迪什这样专注于实验的物理学家，但英国在理论研究上无疑出现了断层。18世纪末，英国物理学界终于等来了另一位大师——托马斯·杨。

19世纪上半叶，理论力学领域出现了以爱尔兰科学家威廉·哈密顿为代表的一批优秀学者。

卡文迪什

托马斯·杨

18世纪

那一时期的优秀物理学家还包括威廉·汤姆森和詹姆斯·麦克斯韦。前者就是开尔文勋爵；后者比开尔文小 7 岁，后来他的学术成就超过了开尔文勋爵。也就是说，直到 19 世纪中期，英国物理学界才再度繁荣起来。这些物理学家奋起直追，终于让英国再次回到了理论力学的中心舞台。

　　除此之外，历史上还有不少关于牛顿的轶事，它们也时时刻刻提醒着我们，牛顿并不是一个神，他也是一个人，只不过是一个天分很高的人。

威廉·哈密顿

威廉·汤姆森

詹姆斯·麦克斯韦

19世纪

牛顿最有名的一句话应该是"如果我比别人看得更远，那是因为我站在巨人的肩膀上"。这句名言其实也和《原理》的诞生有一些联系。

　　在牛顿那个时代，有些人一直不愿意接受他的理论，牛顿毕生都在跟他们战斗。

  在牛顿卷入的纷争中，我们熟知的有他与莱布尼茨关于"微积分理论是谁率先提出的"的争论。

  此外还有牛顿与胡克的争论。牛顿和胡克是两个秉性不同的人，都才华横溢，又都自视甚高，互相不服气，一遇到对方就是"刀光剑影"。两人的争论涉及了万有引力定律的平方反比关系，即两个物体间作用力与距离的平方成反比的关系。

　　一次，胡克、哈雷（英国著名天文学家、物理学家，哈雷彗星的命名者）和雷恩（英国著名巴洛克风格建筑师，曾带领胡克一起主持伦敦在 1666 年大火后的重建工作）一起喝酒的时候，讨论到天体运行的问题。

胡克说，他已经通过平方反比关系证明了天体运行轨道是椭圆的。哈雷清楚这件事情关系重大，马上就问他是什么时候证明的，并让他拿出证据。胡克说自己要回家取，还要有英国皇家学会注册优先权才能公开。

哈雷等了几个月，胡克却没有任何动静。哈雷觉得胡克做不到，认为只有一个人能做到，那就是公认的数学天才牛顿。

哈雷去剑桥找牛顿。据说他见到牛顿后，第一句话就是："我提一个问题，假如行星到太阳的引力与其到太阳的距离的平方成反比，那么行星运行的轨道是什么形状？"牛顿想都没想，脱口而出："椭圆。"哈雷忙问他是怎么知道的，牛顿说："我证明过。"

哈雷又问牛顿是什么时候证明的。牛顿回想了一下，说是在伦敦发生大鼠疫的1666年，已经过去快20年了。很不巧，牛顿也没当场找到能证明的手稿。哈雷又提出，希望牛顿能找到手稿让他看一看。牛顿保证说一定找出来，找不出来就再证明一遍给他看。

　　三个月后，哈雷收到了牛顿寄来的一篇长达 9 页的文章——《论轨道上物体的运动》。文章里几乎包括了三大定律、平方反比定律和开普勒定律，也就是《原理》一书的精华。

　　哈雷看完后觉得牛顿太了不起了，立刻跑到剑桥去劝说牛顿公布这些研究成果。后来，他又建议牛顿赶紧写一本书，建立起一个理论体系，将这些理论表达出来——这就是《原理》的缘起。

后来，胡克提出《原理》一书的前言里应该提及自己对平方反比关系的贡献，因为他才是先提出椭圆轨道的人，之前与牛顿的通信中他还纠正过牛顿的错误，所以这个理论不是牛顿一个人提出的。牛顿非常生气，表示宁可不写这本书，书里面也不能有胡克的名字。但之后，牛顿还是在书中声明，胡克也是平方反比定律的独立发现者。

牛顿与胡克的矛盾由此可见一斑。当然，二人间的"刀光剑影"不止这些。在关于《原理》的争议之前，两人已经频起冲突。

胡克与牛顿经常写信争吵，一旦牛顿出现计算错误或者考虑不周被胡克抓住了，胡克就会公开发表，让牛顿出丑。

牛顿也毫不手软，在写给胡克的信里就写到了"如果我比别人看得更远，那是因为我站在巨人的肩膀上"这句话。这句看似谦逊的话可不是在赞扬胡克是巨人，而是在讽刺他身材矮小还驼背。

　　虽然初衷并不光彩，但这句话如今的意义早已超越了它的本意。牛顿是一个不完美的人，他不仅强势，还和胡克一样会打压那些与自己意见不同的科学家。

即便如此，站在哥白尼、伽利略等无数前人肩膀上的《原理》仍然无疑是一部划时代的伟大巨著。因此，"站在巨人的肩膀上"如今也有了更为积极的意义，甚至以"巨人的肩膀"为名的歌曲还被联合国选为"国际天文年"的主题曲。

小朋友们，希望你们阅读《原理》时既客观地看待牛顿，也将该书看作一位"巨人"。站在这样的"巨人的肩膀"上，你们可以看到一个熠熠生辉的科学世界。相信它的魅力能让你们燃起去了解这个世界的热情。

自然哲学之数学原理

惯性定律

反对笛卡儿的学说

脱胎于神学的世界观 → 哲学

哲学 →（包含）→ 自然哲学

反对笛卡儿的学说 →（原因）→ 诞生

探究自然的规律，指导人与自然共处 ← 自然哲学

自然哲学 → 诞生

哲学回到"以数学为工具"的世界观中 ← 数学原理

诞生 →（标志）→ 科学革命的高峰

现代物理学 ←（建立）← 科学革命的高峰

加速度定律

作用力与反作用力定律

起点

知识

困难

困难

运动三大定律

万有引力定律

核心内容

阅读方法

不要过度追求其中的细节

注重知识论证的逻辑

《自然哲学之数学原理》

影响

解释了如潮汐现象、彗星运动等诸多问题

构建了认识世界的全新框架

作者:牛顿

客观看待他

展示了完善的科学方法:数学推算、观测数据、实验数据

领读者书系：
科学经典篇
（第一辑）